绿色星球
THE GREEN
PLANET

四季更迭

［英］丽莎·里根 文　　管靖 译

科学普及出版社
·北 京·

北京市版权局著作权合同登记　图字：01-2024-3154

图书在版编目（CIP）数据

绿色星球 . 四季更迭 / （英）丽莎·里根文；管靖
译 . -- 北京：科学普及出版社，2024.7
ISBN 978-7-110-10714-0

Ⅰ . ①绿… Ⅱ . ①丽… ②管… Ⅲ . ①植物–少儿读
物 Ⅳ . ① Q94–49

中国国家版本馆 CIP 数据核字（2024）第 066886 号

如果没有植物，地球上的其他生命就不可能存在。我们呼吸的空气、我们吃的食物、我们燃烧的燃料，以及对生命至关重要的水，都离不开植物的贡献。

有些植物在适宜的季节生机勃勃，在不适宜的季节艰难挣扎。本书中的植物都随四季变换经历着繁盛与枯萎，并且竞相争夺传粉者、阳光和营养。

本书将带我们进一步了解植物是如何在四季更迭中努力生存的。

3

欧洲七叶树有一根粗大的木质茎，叫树干。欧洲七叶树会在春天开花，吸引传粉者。

植物的组成

无论是像树木那样高大，还是像报春花那样小巧，植物一般都有着相同的结构。植物的组成部分有根、茎和叶，通常还有可以帮助植物繁殖的花。

植物的根能够让植物在土壤中固定，并保持稳定。根从土壤中吸收水分和营养物质，这些水分和营养物质随后通过茎向上输送到植物的各个部分。植物的茎有的强壮直挺，有的柔韧灵活。

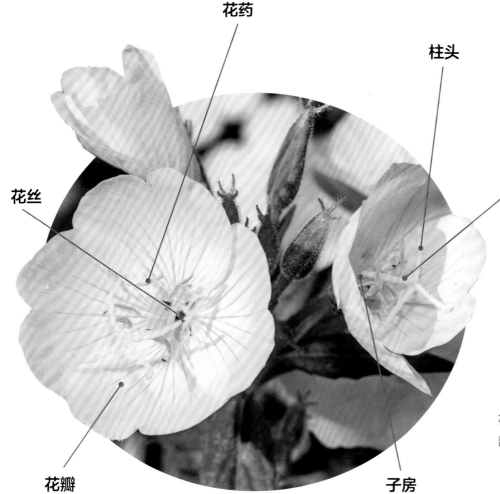

植物的叶子可以帮助植物收集能量。叶子就像太阳能电池板一样，收集阳光，将其中的能量转化为"食物"（请参阅第 8 页）。上图中是欧洲七叶树结出的果实，它们内部的种子在适当的条件下可以长成成株。

花药

柱头

花柱

花丝

花瓣

子房

花有雄蕊和雌蕊。雄蕊的顶部是花药，会产生花粉。

生命周期

　　植物的主要任务是繁衍后代、延续物种，在这一点上，它们与其他生物没有什么不同。植物大多通过开花结果来繁衍后代。由于植物无法移动，因此它们会依靠动物、风、水等媒介来帮助自己传播花粉和种子。

　　花朵会产生花粉，这是一种像灰尘一样的微小颗粒，需要在植物之间传递。蜜蜂、鸟等传粉者从一朵花飞到另一朵花，会携带花粉并将其传递到雌蕊的柱头上。这个过程结束后，就可以长出种子。

南非的凡波斯植被带有 9 000 多种开花植物，这里的花卉种类是全世界最多的。

植物以不同的方式吸引传粉者。有些植物的花朵靠颜色鲜艳、香气扑鼻来吸引传粉者。香甜的花蜜是颇具吸引力的食物，当这只太阳鸟（如右图所示）飞来飞去寻找更多花蜜时，它就会把花粉从一朵花上带到另一朵花上。

为了争夺传粉者，有些植物夜晚开花，散发花香。紫罗兰、福禄考（如下图所示）和花烟草都会在夜晚散发浓郁的香气，以吸引更多传粉者。

水仙花、郁金香和春番红花等植物都在春天开花。它们主要进行无性繁殖，因此不太需要同种植株之间相互传粉。它们主要通过鳞茎来繁殖而非种子。鳞茎会储存能量，度过整个冬天，待温度回升时就萌芽成长，准备开花了。

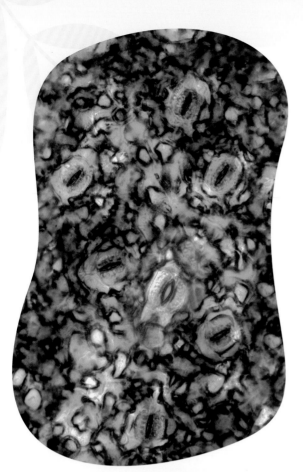

扫码看视频

不可或缺

植物为地球上的生命提供了至关重要的氧气，并且将水蒸气释放到大气中。如果没有植物，也就不会有动物的存在。

植物叶片的表皮上分布着成千上万个被称为"气孔"的小孔。在光合作用的过程中，空气中的二氧化碳会通过这些气孔进入植物体内。叶片捕获太阳光，并利用光提供的能量将二氧化碳和水转化为氧气和糖类。糖类为植物生长提供所需的能量，而氧气则作为副产品被排出植物体外。

在蒸腾作用的过程中，水分大多从叶片中蒸发出来，进入地球的水循环，最终以雨或雪的形式回到地面。

和所有生物一样，植物的细胞中也有含碳化合物。植物在吸收空气中的二氧化碳时，会把碳储存起来供自身利用。而随着植物的死亡、分解，碳又会被释放出来。这样就形成了碳循环。

碳和氧之间的平衡十分微妙。人类燃烧化石燃料的行为会将大量的二氧化碳释放到大气中，打破这种平衡。而将碳锁在森林、海洋等"碳汇"中，则有助于保持大气中碳水平的稳定。

季节更迭的世界

这里的树木主要是云杉、松树和桦树。有些树会以落叶的方式来熬过天气最恶劣的时候。

从两极到热带，很多地方都存在季节更迭。这样的地方面积广大，在北半球可向北延伸至北极圈。在北半球的大部分地区，以及大洋洲、南美洲和非洲的一些地区，植物都受到季节变化的影响。

季节性的植物必须适应不断变化的生存条件，包括温度的波动、降水量的变化以及光照的差异。它们需要精准把握时机，让种子在最佳的时间点发芽，从而获得适宜的温度、光照、水分以及合适的传粉者。

地中海气候冬季温和多雨，夏季炎热干燥。这种类型的气候常见于欧洲大陆，也存在于其他大陆西侧的部分国家和地区，包括澳大利亚西部、智利中部及西南地区、美国的加利福尼亚州（如上图所示）等地。

南非的凡波斯植被带是一个狭长的地带，属于地中海气候。那里有成千上万种植物，当其中大多数植物同时开花时，大地绽放出缤纷绚丽的色彩。

北方森林是地球上面积最大的森林植被带，有超过 7 500 亿棵树。这些被雪覆盖的树木位于北极圈附近。

扫码看视频

和所有的森林一样，北方森林也吸收二氧化碳，并且是地球上最重要的碳汇之一。北方森林由针叶树和落叶树组成，它们能够在最严酷的冬季生存。

变换的季节

在季节分明的地方，景观总是随着时间的推移不断地变化。无论你是在一片空旷的荒野中，还是在一片郁郁葱葱的森林中，你都能看到植物以自己独特的方式来适应季节的循环与更迭。

夏季是丰饶的季节，很多植物的果实都在夏季成熟，植物能够最大限度地进行光合作用。

14

糖槭在春日的阳光中苏醒，吐出新叶。

四季对于季节性植物来说非常关键。春天是万物复苏的季节，槭树的树液从根部向上流动，滋养树枝，使其能够发芽、长叶。

到了秋天，植物就要为气温更低、光照时间更短的日子做准备了。叶片中生成的营养物质，将被运输到树木的全身各处，并储存在根部，为过冬做好准备。叶片还失去了叶绿素，绿色随之消失，只留下叶片的"本色"，为我们呈现出橙色、黄色、红色和棕色交织的秋日景象。

美国科罗拉多州的杨树林正在为入冬做准备。

随着这些落叶树开始准备蛰伏过冬，它们的叶子开始变色，并最终从树枝上掉落。

生命之叶

落叶树依靠叶子获取维系生命的营养。叶子捕获阳光并利用其制造树木生长所需的有机物（请参阅第 8 页）。但到了冬天，这些叶子就变成了累赘。

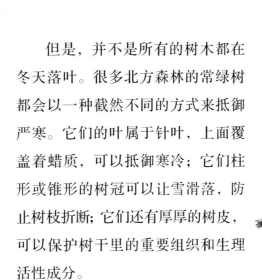

冬天的气温很低，这会使叶子里的水冻结，让叶子受到不可修复的损伤，而这些受伤的叶子会阻碍来年新叶的生长。即便是功能正常的叶子，也无法在日照短暂、阳光稀缺的冬日里为树木制造足够的有机物。因此，树木会采取落叶的策略来甩掉这些多余的包袱，顶着光秃秃的树枝度过冬天。

但是，并不是所有的树木都在冬天落叶。很多北方森林的常绿树都会以一种截然不同的方式来抵御严寒。它们的叶属于针叶，上面覆盖着蜡质，可以抵御寒冷；它们柱形或锥形的树冠可以让雪滑落，防止树枝折断；它们还有厚厚的树皮，可以保护树干里的重要组织和生理活性成分。

针叶树的种子藏在球果里，很安全。当条件合适时，球果就会打开，把种子释放出来。

针叶树的叶子是针状的，而不是片状的。

万物复苏

冬去春来，万物复苏。和煦的阳光普照大地，沉睡许久的植物们纷纷苏醒，利用根部吸收营养物质，并输送到地上的各个部分。

一缕缕阳光温暖了新芽，花朵随之绽放。

娇嫩而又充满活力的花朵开满林间，遍布草地。

这些花朵中有很多是从鳞茎或类似鳞茎的结构（如根茎、球茎或块茎）中长出来的。这些茎在地下生长，并且充当养分的"储藏室"。

很多植物都萌发出了小小的新芽。这些新芽通常呈卵形，保护着内部新生的叶子或花朵。随着新芽逐渐张开，叶子或花朵也终于开始绽放，在春日的阳光下尽情舒展。

为了吸引传粉者，春天的花朵盛开得绚丽多彩。

竖起耳朵听一听，
你会听到熊蜂低沉的嗡嗡声。
冬季过后，它们重新活跃起来。

当树木产生树液时，有些动物便想趁机分一杯羹。吸汁啄木鸟会在糖槭树的树干上凿洞，来吸食甜甜的槭糖浆。

扫 码 看 视 频

三月，中国和日本的桃花盛开。

很多果树都在春天开花，桃树只是其中之一。梨树、苹果树、樱桃树、杏树和李树等都会在春天开出美丽、芬芳的花朵，吸引传粉者。因为这些树的果实香甜可口，所以它们的核果也被引种到原产地之外的其他地方。

23

种子的旅行

扫码看视频

随着季节由春入夏，又有许多种类的花朵绽放，开遍了田野、草地和山坡。植物开花的目的是繁衍后代，它们试图通过产生种子来完成这一任务。

喷瓜是黄瓜的近亲。喷瓜果实内部的压强会不断增大，当瓜熟蒂落时，种子和果液会从果梗处的开口喷射而出，种子能被喷射到几米之外。

植物本身无法迁移，它们的种子只能借助动物或其他自然外力来传播。它们的目标是将种子散播到尽可能远离亲本植株的地方。有些种子生有小钩或尖刺，可以挂在路过的动物的毛皮上；有些种子则天生具有黏性，可以黏附在动物或其他物体上；有些种子会被龙卷风卷入高空，再随风撒向各处；还有一些种子随着水流漂向新的地方。

扫码看视频

蒲公英有一个"种子球",包含大约200颗"种子"。每颗"种子"顶部都有一些细小的绒毛,好像一个小型降落伞,可以载着种子在风中飘飞。如果风力适宜,蒲公英种子的飞行距离甚至可以达到100千米,但前提是它们没有被觅食的动物(就像图中的这只巢鼠)吃掉。

涅槃重生

南非的凡波斯植被带从一片海岸延伸至另一片海岸，生长着数千种在世界上其他地方见不到的植物。这里的生态系统正经历着激烈而又令人惊叹的生命循环。

每隔几年，夏季的野火就会席卷凡波斯。

熊熊燃烧的火焰将这片干燥的欧石南灌丛吞噬。然而，新的植株很快就会从废墟中冒出来，一场吸引传粉者的竞赛开始了。

在争夺传粉者的竞赛中，这朵小红花一骑绝尘。

这是一朵垂筒花，它会对浓烟中的化学物质产生反应，因而当其他植物还在大火的余威中苟延残喘时，垂筒花就已被烟雾中的化学物质唤醒，开始生长。如果生长在万花盛开的原野中，垂筒花就很可能会被忽视，但此时周围是一片焦土，它显得格外醒目。

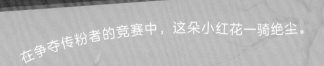

其他植物还没从地下长出来，
垂筒花得以独占像南方重领花蜜鸟这样的传粉者。

受粉后，垂筒花会结出种子，然后枯萎，重归于土。必要时，它的种子可以在土里休眠 20 年，等待另一场大火让它萌发、开花。

扫码看视频

27

南非的凡波斯植被带夏季气候干燥，再加上土壤贫瘠，灌木丛生，十分容易发生火灾，而且强劲的大风还会助长火势。

扫码看视频

这里有不少植物依靠浓烟中的化学物质或者火焰的热量刺激，开始新的生命旅程。

预备——跑！

季节性植物要与时间赛跑。它们绝不能听天由命地任由时间流逝，必须在天气变冷、冬季到来之前主动出击，抢占地盘，完成繁衍后代的使命。

攀缘植物会攀附在其他物体上，
毫不客气地把对方当作脚手架，
借力而上，向着光照更充足的地方生长。

扫码看视频

这些攀缘植物行动迅速，有些植物会沦为它们的牺牲品。菟丝子就是一种攀缘植物，同时也是一种寄生植物。首先，它要寻找"猎物"。菟丝子"嗅觉"灵敏，它的茎好似触角，能够伸出去捕捉其他植物的"气味"。一旦发现最佳宿主，菟丝子就会一圈一圈地将其缠住。最后，宿主身上就好像缠了一团红线。

菟丝子不会制造食物，而是从其他植物那里"偷食"。它会刺穿宿主的茎，贪婪地将其中所有的营养物质吸得一干二净。

欧洲菟丝子是红色的，而这也在一定程度上暗示了其生存方式与其他植物的不同：它无须费力进行光合作用，所以它并不需要叶绿素。

宿主植物渐渐枯萎、死亡，而菟丝子继续将自己致命的枝条扩散到四周，形成一团杂乱的藤蔓。

搭顺风车

南非的夏天非常炎热。银木果灯草的果实如果能在气温过高之前被埋到地下，种子存活和发芽的概率就会大很多，而这附近正好有一群"热心"的帮手——蜣螂。

蜣螂正在寻找羚羊的粪便，它们会把收集起来的粪便埋起来，然后在上面产卵。

银木果灯草的果实不仅看起来像羚羊粪便，闻起来也与羚羊粪便的气味相似。一株银木果灯草会掉落大约 50 枚果实，每一枚果实都呈完美的球形，因而更方便滚动。蜣螂上当了，它们把这些果实误认作粪球，将其推到了它们选好的掩埋地点。

蜣螂有一种习性，每次都把粪球埋在地下同一深度，而这一深度恰好适合银木果灯草种子萌发。

忙碌的蜣螂们相互抢夺"粪球"，然而它们并不知道自己抢到的其实是银木果灯草的果实。为了占有更多"粪球"，蜣螂们来来回回地奔波，忙得不亦乐乎。每一次，它们都会兴冲冲地把自己收获的战利品滚走，埋在地下。

银木果灯草在夏季开花，雨季到来时，它的果实就会掉落。与此同时，蜣螂也正为了收集羚羊粪便而忙得不可开交。银木果灯草的果实长在细长的茎的顶端，而弯曲的茎能把包藏着种子的果实弹飞，使其落在容易被蜣螂找到的地方。

34

扫码看视频

一旦被埋到地下，果实中的种子就在那里静静地等待，直到大火席卷而来，它们会抓住机会发芽，就像这片区域的许多季节性植物一样。

伪装大师

在季节变换时，时机对于植物的成功繁殖十分关键。生长在澳大利亚西南部的铅色槌唇兰有一门绝技，可以最大限度地利用自己短暂的花期。

这种罕见的兰花是个伪装大师。它们的花朵在我们人类看来似乎并没有什么吸引力，但其实别有玄机——从外形到气味都很像雌性刺臀土蜂。

雌性刺臀土蜂没有翅膀，无法飞行。

春天，雌性刺臀土蜂会从自己的巢穴中出来，等待雄性刺臀土蜂带自己前往最爱的黄脂木，在那里进食和交配。

而铅色槌唇兰正是利用刺臀土蜂的这种习性，施出了障眼法。雄蜂果然中计了。它把铅色槌唇兰的花朵当成了雌蜂，扑上去想要与之交配……而不等雄蜂反应过来，花朵冷不丁地翻转了过来。啪！雄蜂被倒扣在花蕊上，花粉也在它扑腾的时候粘在了它的背上，铅色槌唇兰的目的达到了。之后，不明就里的雄蜂茫然地飞走了。

这只雄蜂飞向另一朵铅色槌唇兰，同样把花朵误认成潜在的配偶……啪！这朵铅色槌唇兰也给了它猛地一摔。

就这样，雄蜂从一朵花飞到另一朵花，稀里糊涂地给花朵传了粉。

扫码看视频

雄蜂最终还是会找到自己真正的配偶，但并非全凭运气，而是仰仗大自然巧妙的安排——铅色槌唇兰花期很短，在刺臀土蜂的繁殖季结束之前就全部凋谢了。第二年，新一代刺臀土蜂还将重复上演"真假新娘"的传粉故事。

向阳之花

很多季节性植物都在春天开花，因此它们与很多其他植物相比就占得了一定的先机。

植物会对周围环境中的诱导因素产生反应，春天日照时间的增加和温度的上升会刺激它们开花。不过，在春天开花也存在风险。如果对外界刺激反应太快，花朵很有可能在传粉者都还没出来活动的时候就过早地盛开了。

雏菊在春天开花，它以一种巧妙的方法来吸引传粉者。蜜蜂和熊蜂更喜欢温暖的花朵，所以雏菊的花就随着太阳的移动而转动，让自己的花序始终朝向太阳，这样就能够吸收更多的热量。

雏菊看起来像是一朵长着白色花瓣和黄色花蕊的单独的花。但仔细观察你就会发现，它的"花朵"中心是由数百朵管状的小花组成的，每一朵小花都有自己的花蜜。

雏菊这种始终跟随太阳的表现被称为向日性。除了跟随太阳转动，雏菊对光和热的反应还有其他表现：白天，它们的头状花序完全张开，吸收热量；但到了晚上，花序就会紧紧闭合，把白色的花瓣卷曲起来，以抵御寒冷。

当然，在春天盛开的花远不止雏菊一种。美国加利福尼亚州的金原菊，荷兰的郁金香（见左图），日本的樱花，中国的桃花、李花和杏花，英国森林里的蓝铃花（见上图）都在春天绽放。各种各样的春花争奇斗艳，装点着世界各地别具特色的春日胜景。

雏菊向着太阳转动不仅能让花朵的温度上升，吸引传粉昆虫，还能让柔嫩的植物体尽可能多地获取能量，更加茁壮生长。

植物界第一"巨人"

这些巨大的树木是巨杉，它们是地球上体形最大的生物之一。这些巨杉生长在美国加利福尼亚州的内华达山脉，寿命已经超过 3 000 年。巨杉是地球上最强大、最成功的季节性植物之一。

巨杉可高达百米，胸径可达 11 米，树皮厚度能超过 0.5 米，很多巨杉有 25 层楼那么高。

巨杉是针叶树，能结球果。种子可以藏在球果中长达 20 年。

巨杉是一种坚韧顽强的植物，对钻木甲虫、真菌和火灾有着天然的抵抗力。事实上，巨杉是植物因受到森林大火热量刺激而生长的又一个例子。

巨杉受季节性供水的影响很大，它们依赖附近雪山的冰雪融水，这些融水会为它们提供每日所需的大量水分。

生存危机

科学家们担心，气候变化导致这些壮观的巨型树木难以获得足够的水分。夏季正变得越来越长，越来越热，越来越干燥。相应地，冰雪也就越来越少。而这意味着可以供给巨杉的水源正逐渐耗尽。为了节水，一些巨杉舍弃了它们的针叶甚至树枝。巨杉本就罕见，而在过去的几年里，我们又失去了其中的十分之一。

显然，巨杉并不是唯一面临生存困境的植物。众所周知，雨林正以惊人的速度被砍伐，而其他大片林地也在遭受同样的命运。为了造纸，为了给农耕和建筑腾出土地，人们一次又一次向树木举起斧头。

在整个北半球，古老的林地正变得越来越稀少，其中有很多在几个世纪前消失了，而剩下的那些也受到了人类带来的负面影响。据统计，欧洲只有不到 4% 的森林几乎没有受人类影响的迹象。

人类必须立即采取行动来拯救这些绿色天堂，否则将悔之晚矣。相关的保护法案一旦落实执行，就能够有效阻止人类对林地的破坏。积极的修复重建可以使一个地区的本土物种得到一定程度的恢复，也有助于产生更多的碳汇。

世界遗产地和国家公园的设立让我们的子孙后代仍有机会看到很多美丽的自然地貌。

下次，当你走进大自然时，不妨停下脚步，深深呼吸清新的空气，好好欣赏周围的绿色植物。这是地球恩赐给我们的珍贵礼物。